升級版

愉快學寫字 1

筆畫練習：基本筆畫

新雅文化事業有限公司
www.sunya.com.hk

U0099693

《愉快學寫字》叢書是專為**訓練幼兒的書寫能力、培養其良好的語文基礎**而編寫的語文學習教材套，由幼兒語文教育專家精心設計，參考香港及內地學前語文教育指引而編寫。

　　叢書共 12 冊，內容由淺入深，分三階段進行：

	書名及學習內容	適用年齡	學習目標
第一階段	《愉快學寫字》1-4 （寫前練習 4 冊）	3 歲至 4 歲	- 訓練手眼協調及小肌肉。 - 筆畫線條的基礎訓練。
第二階段	《愉快學寫字》5-8 （筆畫練習 2 冊） （**寫字練習** 2 冊）	4 歲至 5 歲	- 學習漢字的基本筆畫。 - 掌握漢字的筆順和結構。
第三階段	《愉快學寫字》9-12 （寫字和識字 4 冊）	5 歲至 7 歲	- 認識部首和偏旁，幫助查字典。 - 寫字和識字結合，鞏固語文基礎。

　　幼兒通過這 12 冊的系統訓練，已**學會漢字的基本筆畫、筆順、偏旁、部首、結構和漢字的演變規律，為快速識字、寫字、默寫、學查字典打下良好的語文基礎。**

　　叢書的內容編排既全面系統，又循序漸進，所設置的練習模式富有童趣，能令幼兒「愉快學寫字，從此愛寫字」。

第 7 至 8 冊「寫字練習」內容簡介：

這 2 冊練習具有以下特點：

1. 「唱筆順」，邊唱邊作示範書寫，能加強幼兒對漢字的記憶，幫助幼兒識字和默寫。

2. 字詞是抽象概念的符號，為使幼兒對學習生字和寫生字感興趣，特別設置「有趣的漢字」欄目，利用直觀的圖像加深幼兒對漢字的理解和記憶。

3. 每個寫字練習有「配詞練習」，讓幼兒認識文字的運用。

4. 採用「田字格」格式，讓幼兒書寫更工整。

牢記漢字書寫口訣：

　　先橫後豎，先撇後捺。從上到下，從左到右。

　　先外後內，先外後內再封口。先中間，後兩邊。

孩子書寫時要注意的事項：

①　把筆放在孩子容易拿取的容器，桌面要有充足的書寫空間及擺放書寫工具的地方，保持桌面整潔，培養良好的書寫習慣。

②　光線要充足，並留意光線的方向會否在紙上造成陰影。例如：若小朋友用右手執筆，枱燈便應該放在桌子的左邊。

③　坐姿要正確，眼睛與桌面要保持適當的距離，以免造成駝背或近視。

④　3-4歲的孩子小肌肉未完全發展，**可使用粗蠟筆、筆桿較粗的鉛筆，或三角鉛筆。**

⑤　不必急着要孩子「畫得好」、「寫得對」，重要的是讓孩子畫得開心和享受寫字活動的樂趣。

正確執筆的示範圖：

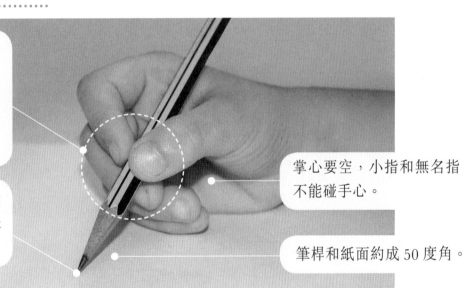

用拇指和食指執住筆桿前端，同時用中指托住筆桿，無名指和小指自然地彎曲靠在中指下方。

執筆的拇指和食指的指尖離筆尖約3厘米左右。

掌心要空，小指和無名指不能碰手心。

筆桿和紙面約成50度角。

正確寫字姿勢的示範圖：

眼睛與紙相距大約30厘米，胸部不要緊貼桌邊。

兩臂自然地張開，伸開左手的五隻手指按住紙，右手書寫。如果是用左手寫字的，則左右手功能相反。

寫字時，身體要坐正，兩肩齊平，兩腿自然地平放地面上。頭和上身稍向前傾，腰要伸直，胸部挺起。

目錄

 **筆畫**——漢字筆畫的基本形式是點和線,點和線構成漢字的不同形體。

漢字的主要筆畫有以下八種:

名稱	點	橫	豎	撇	捺	提(挑)	鈎	折
筆形	丶	一	丨	丿	㇏	㇀	亅	㇆

 筆畫的寫法

漢字楷書的筆順規劃主要有以下七條:

	規劃	例字	筆順
1.	先橫後豎	十	一 十
2.	先撇後捺	人	丿 人
3.	從上到下	三	一 二 三
4.	從左到右	什	亻 什
5.	先外後內	同	丨 冂 月 同
6.	先外後內再封口	日	丨 冂 月 日
7.	先中間後兩邊	小	亅 小 小

﹡ 指導兒童正確掌握筆順,能夠幫助兒童提高書寫水平和書寫速度。

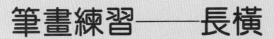
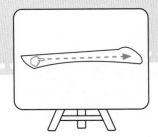

有趣的漢字： → 一 → 一 → 一

寫寫看

唱筆順：一 一畫
長橫

一

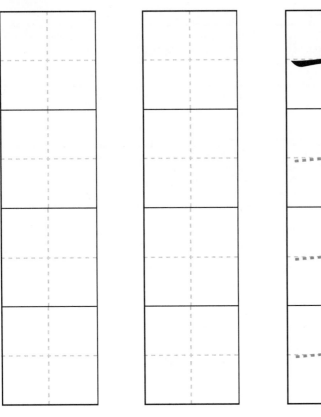

配詞 —— 在空格內填上適當的字：

＿＿＿元

＿＿＿半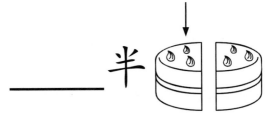

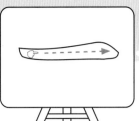

有趣的漢字：  → 二 → 二

寫寫看

唱筆順：二　二畫

短橫　長橫

一
二

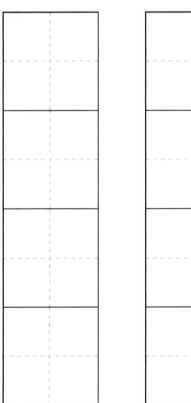
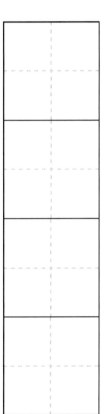
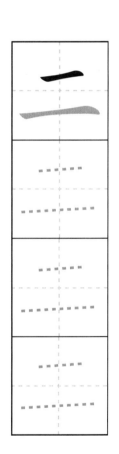

配詞 —— 在空格內填上適當的字：

_____角　　　_____月　

有趣的漢字：  → 三 → 三

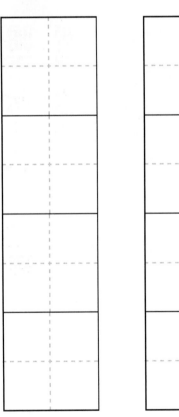

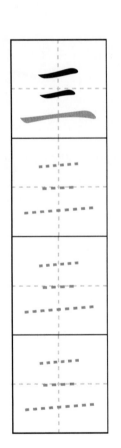

唱筆順：三　三畫

短橫　短橫　長橫

一　二　三

配詞——在空格內填上適當的字：

_____ 角形 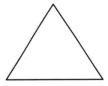　　_____ 月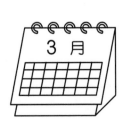

有趣的漢字： →  → 十

寫寫看

唱筆順：十 二畫

長橫 長豎

一 十

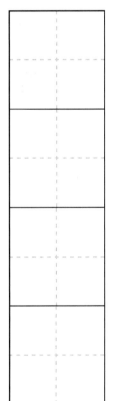

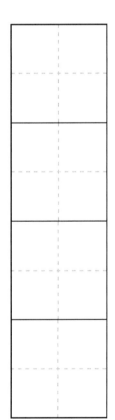

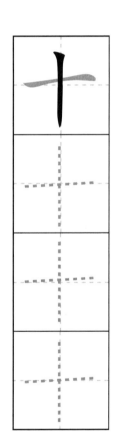

配詞 ── 在空格內填上適當的字：

_____ 元

_____ 月

9

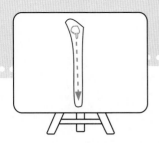

有趣的漢字：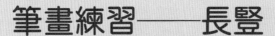

寫寫看

唱筆順：上　三畫

長豎　短橫　長橫

一　卜　上

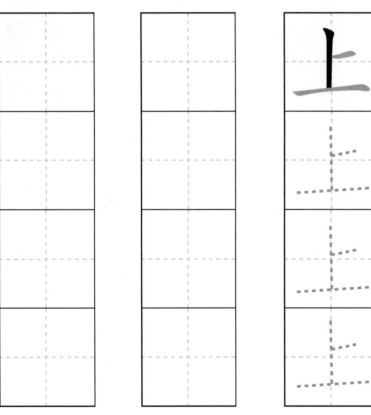

配詞 —— 在空格內填上適當的字：

＿＿＿＿學　　　＿＿＿＿班

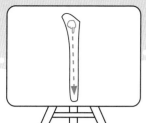

有趣的漢字：

寫寫看

唱筆順：土　三畫

短橫　長豎　長橫

一 十 土

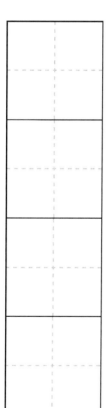

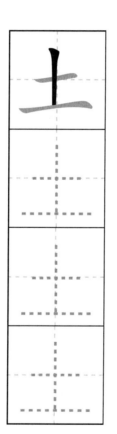

配詞 —— 在空格內填上適當的字：

泥＿＿＿

有趣的漢字：  → 士 → 士

寫寫看

唱筆順：士 三畫

長橫 長豎 短橫

一 十 士

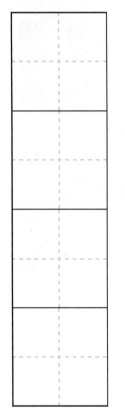

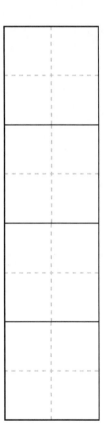

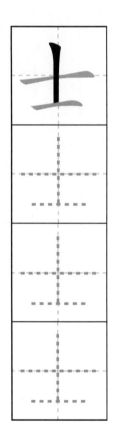

配詞 ── 在空格內填上適當的字：

_____ 兵

巴 _____

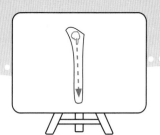

有趣的漢字： → 工 → 工

寫寫看

唱筆順：工　三畫

短橫　短豎　長橫

一　丁　工

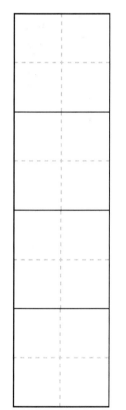

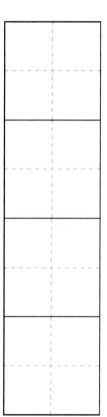

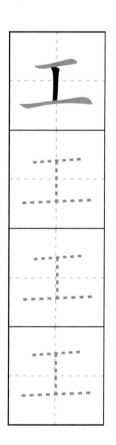

配詞 —— 在空格內填上適當的字：

＿＿＿人　　　做手＿＿＿　

13

筆畫練習──點

有趣的漢字： → ⌒ → 下

寫寫看

唱筆順：下 三畫

長橫 長豎 點

一 丁 下

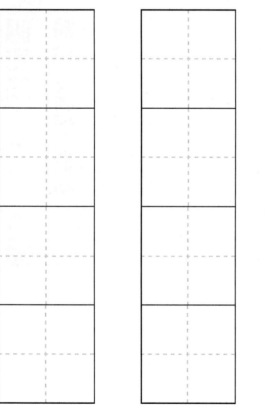

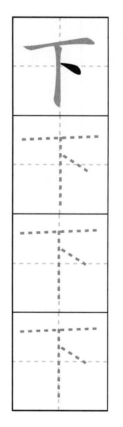

配詞 ── 在空格內填上適當的字：

_____ 午

坐 _____

14

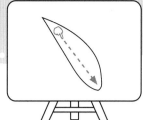

有趣的漢字： → 主 → 主

寫寫看

唱筆順：主　五畫

點　短橫　短橫　短豎　長橫

、 亠 二 𠄌 主

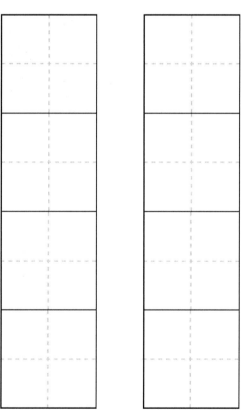

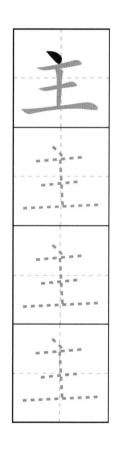

配詞 ── 在空格內填上適當的字：

公＿＿＿ 　　＿＿＿人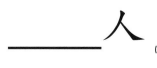

有趣的漢字：  → → 口

寫寫看

唱筆順：口　三畫

豎　橫折　橫

丶　𠆢　口

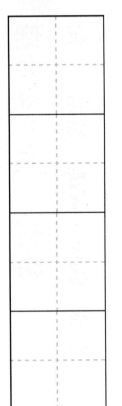

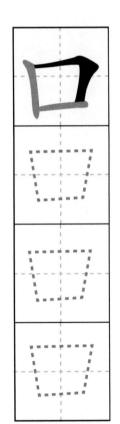
口

配詞 ── 在空格內填上適當的字：

＿＿＿腔

＿＿＿袋

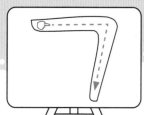
有趣的漢字： → ⊙ → 日

寫寫看

唱筆順：日　四畫

豎　橫折　橫　橫

丨　冂　日　日

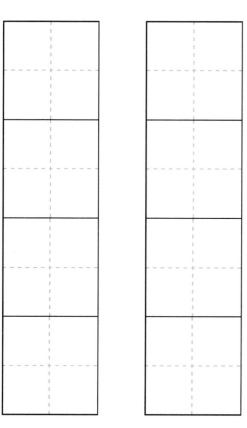

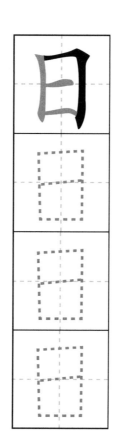

配詞 —— 在空格內填上適當的字：

＿＿出 　　　　生＿＿

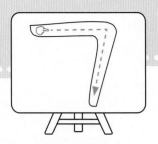
有趣的漢字：  → → 中

 寫寫看

唱筆順：中　四畫

豎　橫折　橫　豎

丶　冂　口　中

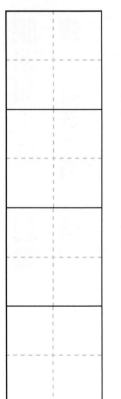

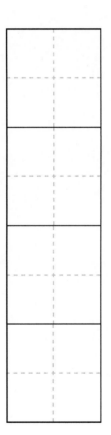

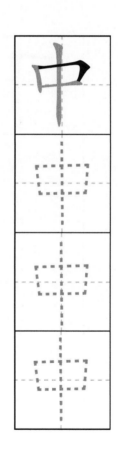

配詞 ── 在空格內填上適當的字：

＿＿午

＿＿秋節

有趣的漢字： → 乂 → 五

 寫寫看

唱筆順：五 四畫

橫 豎 橫折 橫

一 丆 丙 五

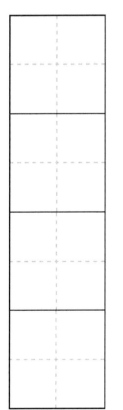

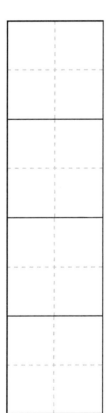

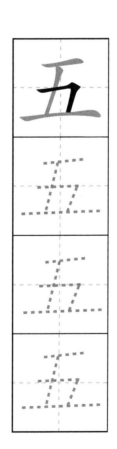
五

配詞 ── 在空格內填上適當的字：

＿＿＿月

＿＿＿邊形

有趣的漢字：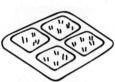 →  → 田

寫寫看

唱筆順：田　五畫

豎　橫折　橫　豎　橫

一 冂 冂 田 田

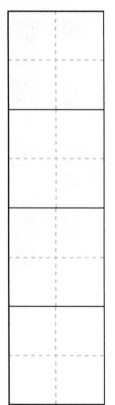

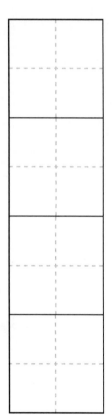

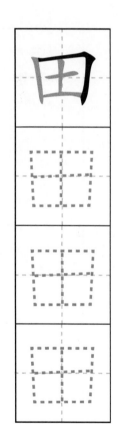

配詞 ── 在空格內填上適當的字：

農＿＿＿＿ 　　耕＿＿＿＿

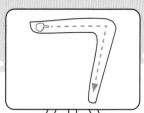
有趣的漢字： → 目

寫寫看

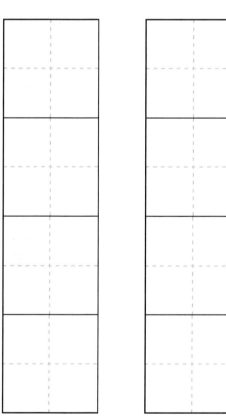

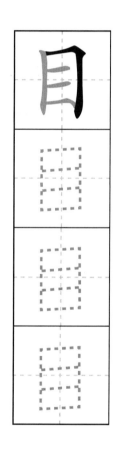

唱筆順：目　五畫

豎　橫折　橫　橫折　橫　橫

一 冂 冂 月 目

配詞 ── 在空格內填上適當的字：

數＿＿＿字

123
456
789

閉＿＿＿

有趣的漢字：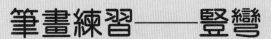 → 屯 → 七

寫寫看

唱筆順：七 二畫

橫 豎彎

一 七

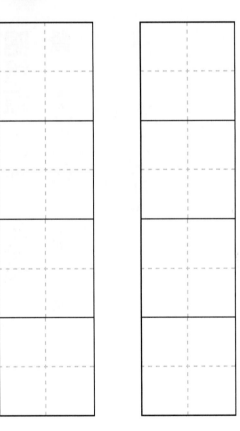

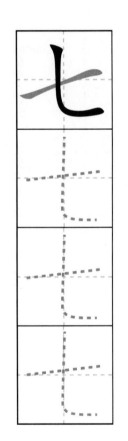

配詞 —— 在空格內填上適當的字：

_____ 月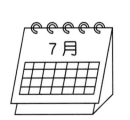
7月

_____ 個蘋果

有趣的漢字： 山

寫寫看

唱筆順：山　三畫

豎　豎折　豎

丨 山 山

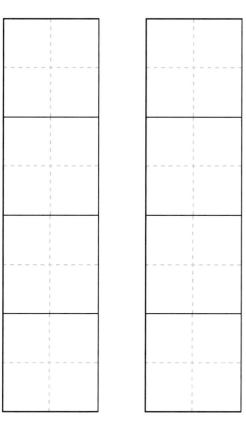

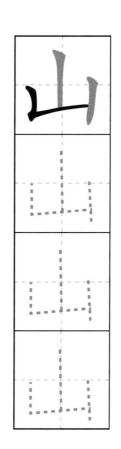

配詞 —— 在空格內填上適當的字：

高＿＿＿＿

＿＿＿＿羊

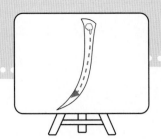

有趣的漢字：

寫寫看

唱筆順：月　四畫

直撇　橫折鈎　橫　橫

ノ 月 月 月

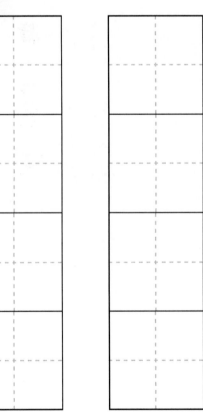

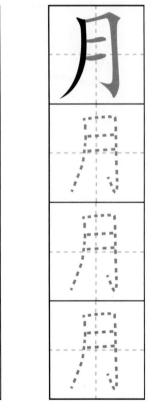

配詞 ──在空格內填上適當的字：

_____ 亮

_____ 餅

有趣的漢字： ✂ → ㄅ → 刀

寫寫看

唱筆順：刀　二畫
橫折鈎　長撇
㇆　刀

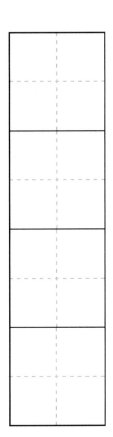

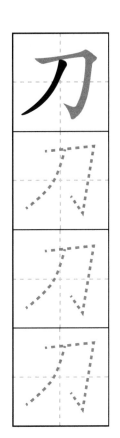

配詞 —— 在空格內填上適當的字：

剪＿＿＿ 　　　　小＿＿＿

有趣的漢字：  → 彡 → 力

寫寫看

唱筆順：力　二畫

橫折鈎　長撇

フ力

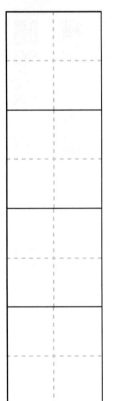

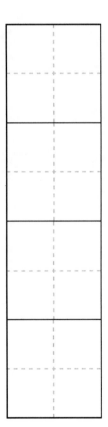

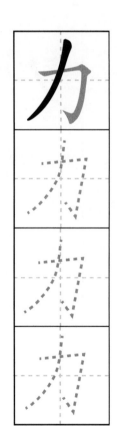
力

配詞 ── 在空格內填上適當的字：

大＿＿＿士

有趣的漢字： → 后 → 石

 寫寫看

唱筆順：石　五畫

橫　長撇　豎　橫折　橫

一 ｢ 丆 石 石

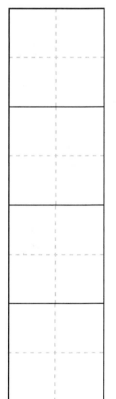

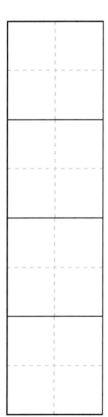

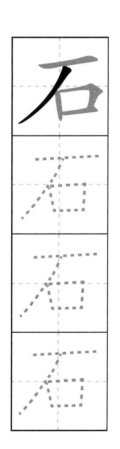

配詞 —— 在空格內填上適當的字：

＿＿＿頭

鑽＿＿＿

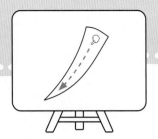

有趣的漢字： → → 六

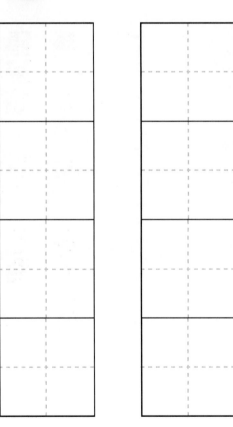

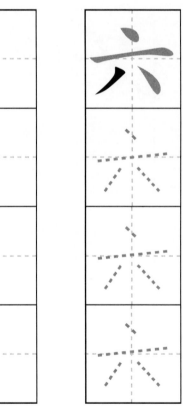

唱筆順：六 四畫

點 橫 短撇 點

、 二 六 六

配詞——在空格內填上適當的字：

＿＿＿月

＿＿＿邊形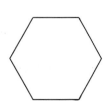

有趣的漢字： → 屮 → 牛

寫寫看

唱筆順：牛　四畫

短撇　橫　橫　豎

丿　一　二　牛

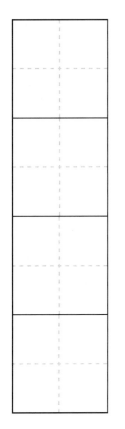

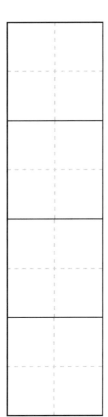

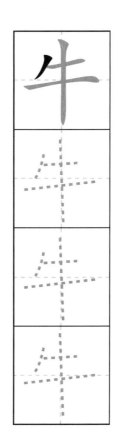
牛

配詞 —— 在空格內填上適當的字：

＿＿＿＿奶 　　　＿＿＿＿油

有趣的漢字：

寫寫看

唱筆順：生　五畫

短撇　橫　橫　豎　橫

ノ　ヒ　ヒ　牛　生

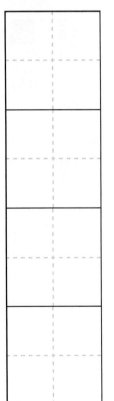

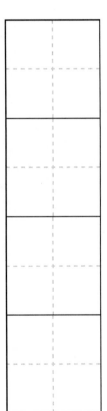

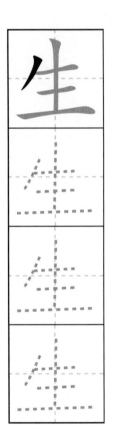

配詞——在空格內填上適當的字：

＿＿＿長

＿＿＿病

有趣的漢字：  →  →

 寫寫看

唱筆順：白　五畫

短撇　豎　橫折　橫　橫

丶 ⺈ 白 白 白

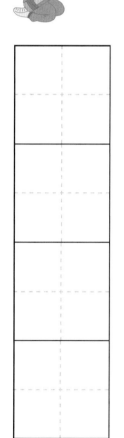

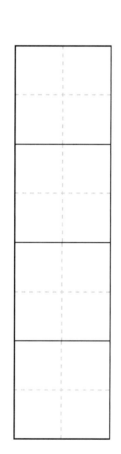

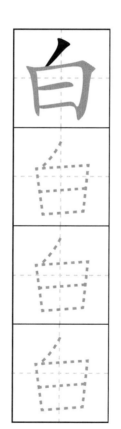

配詞 ── 在空格內填上適當的字：

＿＿＿菜

＿＿＿兔

有趣的漢字：  → 四 → 四

寫寫看

唱筆順： 四　五畫

豎　橫折　短撇　豎彎　橫

丶　丿　丿　四　四

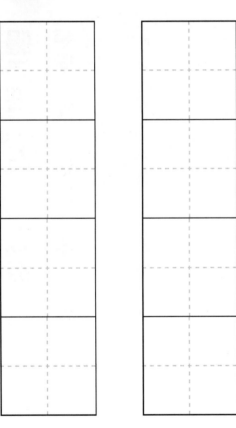

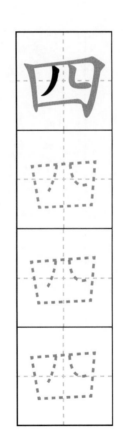

配詞 —— 在空格內填上適當的字：

____ 月　 4月

____ 邊形

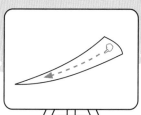

有趣的漢字： → 呑 → 舌

　寫寫看

唱筆順：舌　六畫

平撇　橫　豎　豎　橫折　橫

一　二　千　千　舌　舌

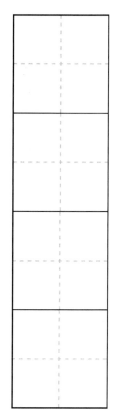
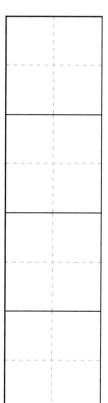
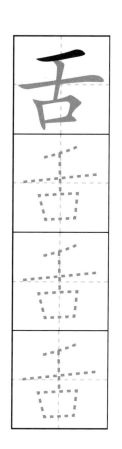

配詞 —— 在空格內填上適當的字：

_____頭

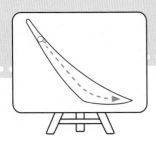

有趣的漢字：  → 勺 → 人

寫寫看

唱筆順：人 二畫

撇　捺

丿　人

配詞 ── 在空格內填上適當的字：

中國＿＿＿

老＿＿＿

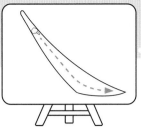

有趣的漢字：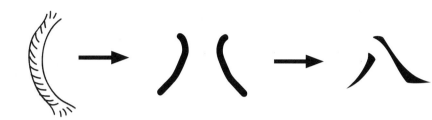

寫寫看

唱筆順：八　二畫

撇　捺

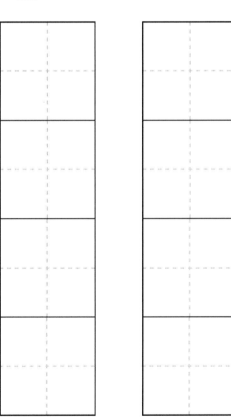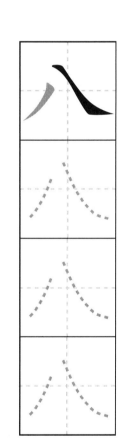

配詞 —— 在空格內填上適當的字：

＿＿＿＿月 　　　　＿＿＿＿朵花

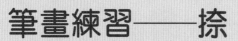

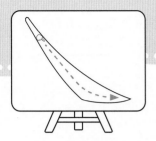

有趣的漢字： → 大 → 大

寫寫看

唱筆順：大　三畫

橫　撇　捺

一　ナ　大

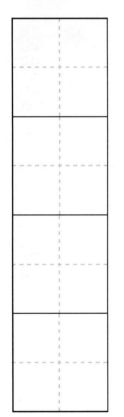

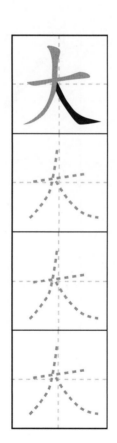大

配詞 —— 在空格內填上適當的字：

_____門　

_____廈　

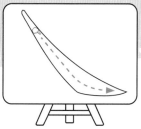
有趣的漢字： → 厇 → 天

寫寫看

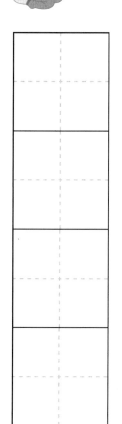

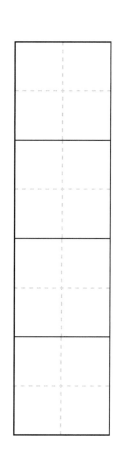

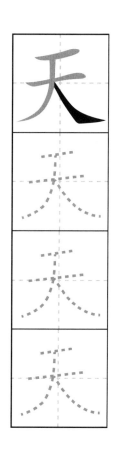

唱筆順：天　四畫

橫　橫　撇　捺

一 二 𠂉 天

配詞 —— 在空格內填上適當的字：

＿＿＿空　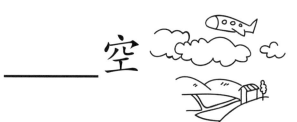　＿＿＿使

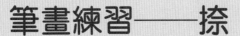

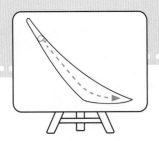

有趣的漢字：

寫寫看

唱筆順：木　四畫

橫　豎　撇　捺

一十才木

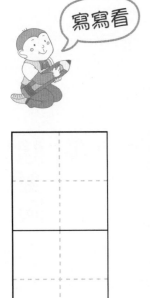

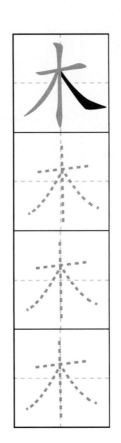

配詞—— 在空格內填上適當的字：

＿＿＿材

＿＿＿屋

38

複習

沿着虛線寫出來。

不	土	半	言
（長橫）	（短橫）	（長豎）	（短豎）
言	寸	旦	虫
（點）	（點）	（橫折）	（橫折）
芒	牙	丹	左
（豎彎）	（豎折）	（直撇）	（長撇）
未	爭	夫	東
（短撇）	（平撇）	（捺）	（捺）

· 升級版 ·

愉快學寫字 ⑦
寫字練習：基本筆畫

策　　劃：嚴吳嬋霞
編　　寫：方楚卿
增　　訂：甄艷慈
繪　　圖：何宙樺
責任編輯：甄艷慈、周詩韵
美術設計：何宙樺
出　　版：新雅文化事業有限公司
　　　　　香港英皇道 499 號北角工業大廈 18 樓
　　　　　電話：(852) 2138 7998
　　　　　傳真：(852) 2597 4003
　　　　　網址：http://www.sunya.com.hk
　　　　　電郵：marketing@sunya.com.hk
發　　行：香港聯合書刊物流有限公司
　　　　　香港荃灣德士古道 220-248 號荃灣工業中心 16 樓
　　　　　電話：(852) 2150 2100
　　　　　傳真：(852) 2407 3062
　　　　　電郵：info@suplogistics.com.hk
印　　刷：中華商務彩色印刷有限公司
　　　　　香港新界大埔汀麗路 36 號
版　　次：二〇一五年六月初版
　　　　　二〇二四年十一月第十二次印刷
版權所有 · 不准翻印

ISBN: 978-962-08-6298-4
© 2001, 2015 Sun Ya Publications (HK) Ltd.
18/F, North Point Industrial Building, 499 King's Road, Hong Kong
Published in Hong Kong SAR, China
Printed in China